FORSCHUNGSBERICHTE DES LANDES NORDRHEIN-WESTFALEN

Nr. 2914/Fachgruppe Physik/Chemie/Biologie

Herausgegeben vom Minister für Wissenschaft und Forschung

Prof. Dr. Volkmar Leute
Dipl.-Chem. Ulrich Spalthoff
Institut für Physikalische Chemie
der Universität Münster

Untersuchung der Interdiffusion der Metalle im System Ga_2Te_3-In_2Te_3

Westdeutscher Verlag 1979

CIP-Kurztitelaufnahme der Deutschen Bibliothek

Leute, Volkmar:
Untersuchung der Interdiffusion der Metalle im System Ga_2Te_3-In_2Te_3 [GaTeInTe] / Volkmar Leute ; Ulrich Spalthoff. - Opladen : Westdeutscher Verlag, 1979.

(Forschungsberichte des Landes Nordrhein-Westfalen ; Nr. 2914 : Fachgruppe Physik, Chemie, Biologie)
ISBN-13: 978-3-531-02914-6 e-ISBN-13: 978-3-322-87834-2
DOI: 10.1007/978-3-322-87834-2
NE: Spalthoff, Ulrich:

Gesamtherstellung: Westdeutscher Verlag

ISBN-13: 978-3-531-02914-6

Inhaltsverzeichnis

1. Einleitung

Halbleitende Verbindungen, oft die "zweite Generation der Halbleiter" genannt, erweckten in den letzten zwei Jahrzehnten zunehmendes Interesse auch der angewandten Forschung, da sie neuartige Anwendungen ermöglichen, wie Infrarotdetektoren, Lumineszenzdioden, Solarzellen und viele andere mehr. Dabei lassen sich die Eigenschaften dieser Verbindungen durch Steuerung der Zusammensetzung und Dotierung dem Verwendungszweck anpassen.
Bis heute stehen Verbindungen zwischen Elementen der dritten und fünften Hauptgruppe sowie Chalkogenide der vierten Hauptgruppe und der zweiten Nebengruppe des Periodensystems im Vordergrund des Interesses.
Eine Sonderstellung unter den Verbindungshalbleitern nehmen die Chalkogenide der dritten Hauptgruppe mit der Zusammensetzung III_2-VI_3 ein. Diese Verbindungen haben eine relativ offene Struktur mit einer großen Zahl sogenannter "stöchiometrischer Leerstellen" im Metalluntergitter.
Die Eigenschaften dieser Substanzen sind bisher bei weitem nicht so gut erforscht worden wie die der meisten anderen Verbindungshalbleiter. Die Ursachen dafür liegen teilweise auf theoretischem Gebiet, beispielsweise ist bis heute nicht geklärt, ob das Bändermodell oder ein "hopping electron"-Modell zur Beschreibung der elektrischen Eigenschaften herangezogen werden muß /1/. Ein weiterer Grund sind präparative Schwierigkeiten bei der Herstellung von Substanzen großer Reinheit und definierter Zusammensetzung, was zu widersprüchlichen Ergebnissen in der Literatur führte.
Erst in neuerer Zeit finden III_2-VI_3-Verbindungen zunehmende Aufmerksamkeit für spezielle Anwendungen. So bleiben die Halbleitereigenschaften von In_2Te_3 und Ga_2Te_3 auch unter starker Neutronenbestrahlung unverändert /2/. Eine Erklärung dieses ungewöhnlichen Verhaltens basiert auf der Annahme, daß Punktdefekte in diesen Verbindungen ohne Aktivierungsenergie ausheilen /2,3/.
Zur Defektstruktur in III_2VI_3-Verbindungen liegen bisher keine experimentellen Veröffentlichungen vor. Eigene Untersuchungen am System $In_2Se_{3-x}Te_x$ zeigten eine ungewöhnlich geringe Abhängigkeit des Diffusionsverhaltens der Chalkogene von der Eigendotierung /4/. Die Temperaturabhängigkeit des Interdiffusionskoeffizienten zeigte dabei oberhalb 550°C Unregelmäßigkeiten, als deren Ursache eine strukturelle Phasenumwandlung vermutet wird.

In dieser Arbeit wird die Interdiffusion im System $Ga_{2x}In_{2-2x}Te_3$ untersucht. Dabei interessieren besonders der Einfluß der stöchiometrischen Leerstellen auf die Fehlordnung und damit auf das Diffusionsgeschehen im Metalluntergitter sowie der Einfluß struktureller Phasenumwandlungen auf die Temperaturabhängigkeit des Interdiffusionskoeffizienten.
Im Zusammenhang damit werden auch neue Erkenntnisse über Teile der Zustandsdiagramme der Systeme Indium-Tellur und Ga_2Te_3-In_2Te_3 gewonnen.

2. Darstellung von Ga_2Te_3 und In_2Te_3

Die Darstellung erfolgt aus den Elementen. Die Elemente (Gallium 6N, Indium 5N, Tellur 5N) werden im gewünschten Verhältnis abgewogen und in evakuierte Quarzampullen eingeschmolzen. Die Gesamtmasse je Ansatz soll 1o g nicht überschreiten, damit die bei der Reaktion freiwerdende Wärmemenge rasch genug abgeführt werden kann. Zur Reaktion werden die Ampullen in einem waagerechten Röhrenofen langsam bis zum Schmelzpunkt der Verbindung erhitzt (Ga_2Te_3: F = 81o °C /5/, In_2Te_3: F = 667 °C /6/). Anschließend wird die Schmelze 48 Stunden lang bei einer Temperatur, die 8o °C über dem Schmelzpunkt liegt, getempert, wobei die Ampulle mehrfach gedreht wird.

3. Kristallzucht

Die Kristallzucht erfolgt nach dem Bridgman-Verfahren durch gerichtete Erstarrung der Schmelze. Die verwendeten Quarzampullen mit 9 mm Durchmesser werden vor der Füllung mit Königswasser gereinigt, mit destilliertem Wasser gespült und sehr gründlich ausgeglüht, um die Quarzoberfläche zu glätten und Fremdkeimbildung an ihr zu verringern.
Zur Kristallisation wird die Ampulle in einem senkrechten Röhrenofen mit zwei getrennt regelbaren Temperaturzonen abgesenkt (siehe Abbildung 1). Die besten Kristalle werden unter den in Tabelle 1 angegebenen Bedingungen erhalten. Es entstehen grobkristalline Barren, aus denen sich kleine Kristalle spalten lassen.

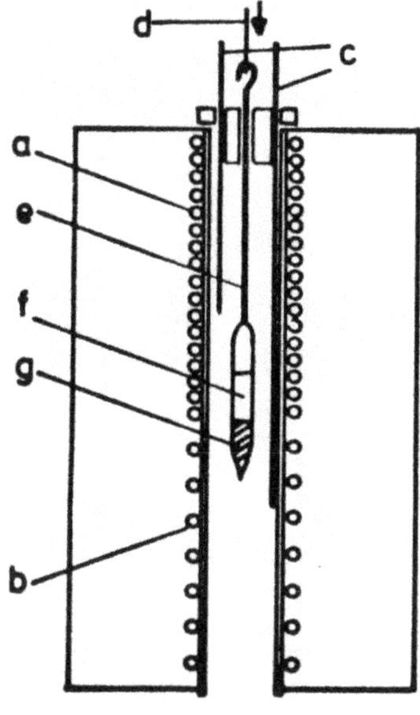

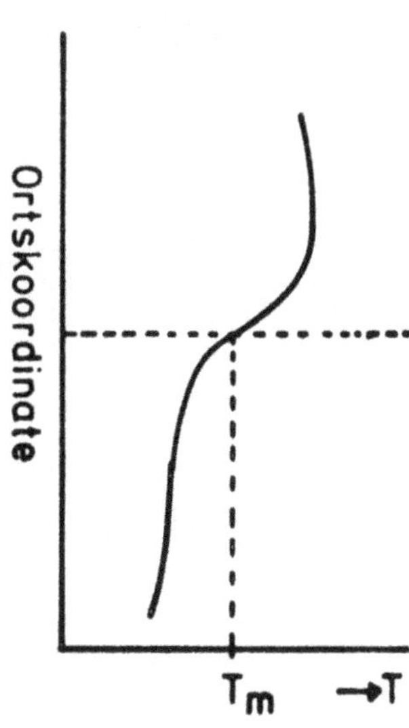

Abb. 1a) Ofen zur Kristallzucht nach dem Bridgman-Verfahren

a) obere Heizwicklung
b) untere Heizwicklung
c) Thermoelemente
d) Kanthaldraht
e) Quarzstange mit Ampulle
f) Schmelze
g) Kristall

Abb. 1b) Temperaturprofil des Ziehofens (schematisch, T_m ist der Schmelzpunkt der Verbindung)

Tabelle 1

Substanz	Temperatur oben $T/^{o}C$	Temperatur unten $T/^{o}C$	Temperatur-gradient $T \cdot X^{-1}/(K \cdot cm^{-1})$	Absenk-geschwindigkeit $v/(cm \cdot h^{-1})$
In_2Te_3	78o	57o	16	o,57
Ga_2Te_3	92o	7oo	18	o,57

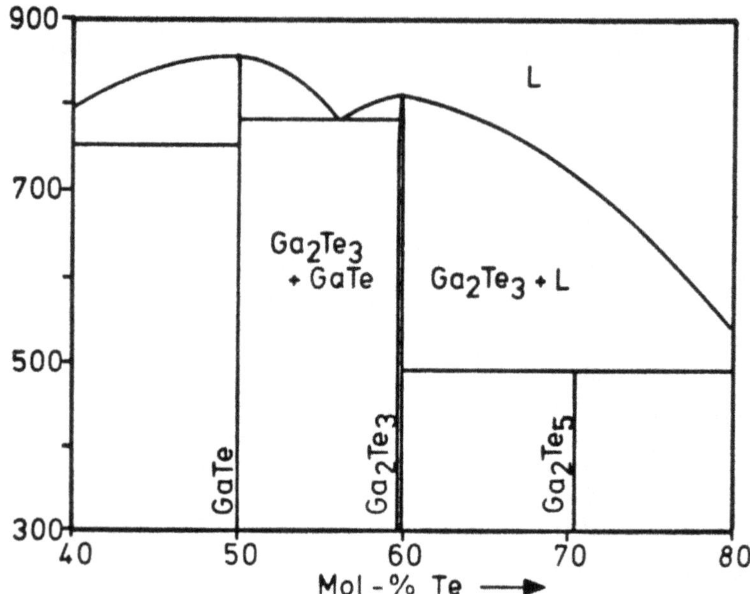

Abb. 2: Ausschnitt aus dem Phasendiagramm des Systems Gallium-Tellur nach /7,8/

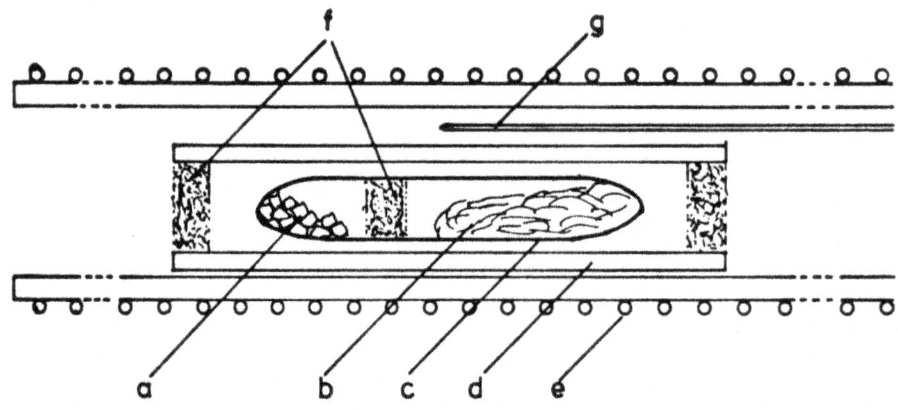

Abb. 3: Eigendotierung binärer Verbindungen

a) zu dotierende Substanz M_2Te_3

b) zweiphasiges Gemisch M_2Te_3 + M oder M_2Te_3 + Te

c) Quarzampulle, 11 mm Durchmesser, ca. 6 cm lang

d) Stahlrohr, ca. 12 cm lang

e) Rohrofen mit Kanthalwicklung, ca. 5o cm lang

f) Quarzwatte

g) NiCr-Ni-Thermoelement

4. Eigendotierung

Für die Untersuchung der Defektstruktur ist es unerläßlich, die Zusammensetzung der untersuchten Verbindung innerhalb ihres Homogenitätsbereiches definiert festzulegen. Dies ist bei Chalkogeniden dadurch möglich, daß die Substanzen bei einer bestimmten Temperatur ins Gleichgewicht mit der Gasphase und einer weiteren kondensierten Phase gebracht werden. Die Verhältnisse seien am Beispiel des Phasendiagramms für das System Gallium-Tellur erläutert (siehe Abbildung 2).
Bei der Temperatur 5oo °C liegen links und rechts des Homogenitätsbereiches von Ga_2Te_3 breite Gebiete, in denen festes Ga_2Te_3, festes GaTe und Gasphase beziehungsweise festes Ga_2Te_3, Schmelze und Gasphase koexistieren. Nach dem Gibbs'schen Phasengesetz hat ein binäres System bei drei koexistierenden Phasen und festgelegter Temperatur keine weiteren Freiheitsgrade mehr, das heißt: jede Phase besitzt dann eine genau definierte Zusammensetzung. Falls die Bruttozusammensetzung des Systems im Mehrphasengebiet zwischen Ga_2Te_3 und GaTe liegt, nimmt die Ga_2Te_3-Phase die Zusammensetzung des galliumreichen Randes des Existenzbereiches an. Bei einer Bruttozusammensetzung, die im tellurreicheren benachbarten Zweiphasengebiet liegt, nimmt die Ga_2Te_3-Phase die Zusammensetzung des tellurreichen Randes ihres Existenzbereiches an. Die Substanzen mit den so definierten Abweichungen von der stöchiometrischen Zusammensetzung werden als metallgesättigtes beziehungsweise chalkogengesättigtes Ga_2Te_3 bezeichnet.
Um diese Metall- beziehungsweise Chalkogensättigung einzustellen, wird die Verbindung M_2Te_3 (M = Ga oder In) zusammen mit einem fünffachen Überschuß einer Mischung aus M_2Te_3 + M beziehungsweise M_2Te_3 + Te in eine evakuierte Quarzampulle eingeschmolzen. Dabei wird das zweiphasige Gemisch durch einen Quarzwattebausch von der eingesetzten Verbindung getrennt. Die experimentellen Einzelheiten sind in der Abbildung 3 und in Tabelle 2 zusammengestellt.
Das Phasendiagramm des Systems Indium-Tellur in der Nähe der Verbindung In_2Te_3 ist bisher nicht genau bekannt. Von verschiedenen Autoren werden unterschiedliche Phasendiagramme angegeben /6,9/. T. Karakostas und N. Economou /1o/ vermuten auf Grund von Elektronenbeugungsuntersuchungen, daß In_2Te_3 beim Übergang in die Tieftemperaturmodifikation in zwei Phasen zerfällt, eine tellurreichere der Zusammensetzung In_3Te_5 und eine indiumreichere der

Zusammensetzung In_3Te_4. Da sich die Zusammensetzung des bei der Eigendotierung verwendeten zweiphasigen Gemisches nach dem Phasendiagramm richtet, werden verschiedene Versuche zur Eigendotierung unternommen, entsprechend den verschiedenen vorgeschlagenen Phasendiagrammen. Auf die dabei erhaltenen Ergebnisse, die zu neuen Erkenntnissen über das Phasendiagramm des Systems Indium-Tellur führen, wird im Abschnitt 5.2 näher eingegangen.

Tabelle 2: Versuchsbedingungen bei der Eigendotierung von Ga_2Te_3 und In_2Te_3

Substanz	Gesamtzusammensetzung des zweiphasigen Gemisches	Temperbedingungen
Ga_2Te_3 metallgesättigt	58 Mol-% Te	500 °C/240 h
Ga_2Te_3 chalkogengesättigt	62 "	500 °C/240 h
In_2Te_3 metallgesättigt	57,7 "	500 °C/240 h
"	51,9 "	500 °C/170 h
"	51,9 "	550 °C/170 h
"	50,5 "	600 °C/ 90 h
In_2Te_3 chalkogengesättigt	62 "	500 °C/240 h
"	63,9 "	550 °C/240 h

Eine weitere definierte Zusammensetzung ist die Zusammensetzung mit minimalem Dampfdruck. Diese Zusammensetzung läßt sich durch die in Abbildung 4 dargestellte Versuchsanordnung einstellen. Die Substanz wird 6 Stunden bei 500 °C im dynamischen Vakuum getempert. Bei den hier untersuchten Substanzen tritt unterhalb 600 °C keine merkliche Sublimation ein.

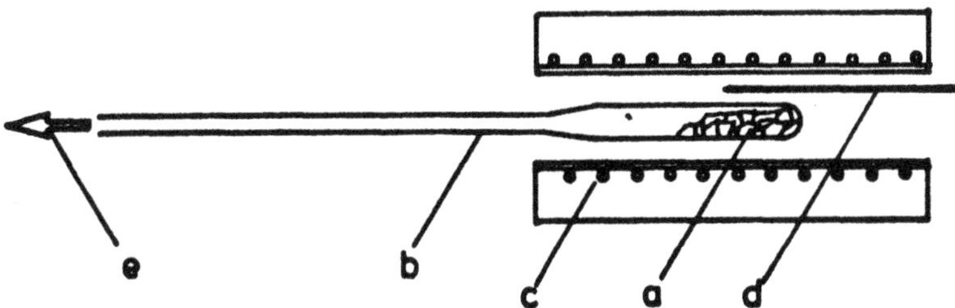

Abb. 4: Tempern im dynamischen Vakuum

a) Substanz

b) Quarzrohr

c) Rohrofen

d) NiCr-Ni-Thermoelement

e) zur Öldiffusionspumpe, $p \approx 10^{-5}$ mbar

5. Röntgenuntersuchungen

Die Röntgenbeugungsmessungen wurden ursprünglich vorgenommen, um die Substanzen nach der im vorigen Kapitel beschriebenen Vorbehandlung auf ihre Reinheit und den eingestellten Ordnungsgrad zu überprüfen. Dabei ergaben sich zwei unerwartete Befunde:

1. Das Ga_2Te_3 nimmt während des Dotierungstemperns eine partiell geordnete Struktur an,
2. In_2Te_3 geht beim Versuch, es auf den metallreichen Rand des Existenzgebietes einzustellen, in eine neue Phase über.

5.1. Zur Überstruktur des Ga_2Te_3

Ga_2Te_3 kristallisiert im Zinkblendegitter. Dabei ist das Metalluntergitter zu zwei Dritteln mit Galliumatomen und zu einem Drittel mit stöchiometrischen Leerstellen besetzt. Nach Hahn und Klingler /11/ ist die Gitterkonstante a = 0,5886 nm, Woolley und Pamplin /12/ geben a = 0,5901 nm für abgeschreckte Proben und a = 0,5906 nm für getemperte Proben an, in beiden Fällen wurde keine Überstruktur beschrieben.

Hahn /13/ erwähnt, daß nach längerem Tempern Überstrukturlinien auftreten, ohne genauer darauf einzugehen. Die erste Beschreibung einer geordneten Ga_2Te_3-Modifikation stammt von Newman und Cundall /14/. Das von ihnen bei 450 °C hergestellte Ga_2Te_3 zeigt sieben Überstrukturlinien, seine Elementarzelle wird als orthorhombisch mit den Gitterkonstanten a = o,417 nm, b = 2,36 nm, und c = 1,25 nm angegeben. Das von Newman und Cundall hergestellte Ga_2Te_3 fällt jedoch nicht in reiner Form, sondern als Gemisch mit Te an. Semiletov und Vlasov /15/ geben eine geordnete Modifikation des Ga_2Te_3 an, die durch Aufdampfen von Ga_2Te_3 auf 45o °C heiße NaCl-Platten entsteht. Die Zusammensetzung dieser Phase liegt zwischen der des Ga_2Te_3 und der des GaTe. Ihr Gitter ist primitiv kubisch mit einer Gitterkonstanten a = 1,o32 nm, wie Elektronenbeugungsuntersuchungen ergaben. Die Elementarzellen der beiden angegebenen Überstrukturen sind eng mit der Elementarzelle des ungeordneten Ga_2Te_3 verknüpft. Für die rhombisch indizierte Überstruktur gilt:

$$a = a_o/\sqrt{2}\ , \quad b = 4\cdot a_o\ , \quad c = 3\cdot a_o/\sqrt{2}\ .$$

Dabei ist a_o die Gitterkonstante der ungeordneten Ga_2Te_3-Modifikation. Die Gitterkonstante der kubisch indizierten Überstruktur ist im Rahmen der Meßgenauigkeit

$$a = a_o\cdot\sqrt{3}\ .$$

Das von uns hergestellte metallgesättigte Ga_2Te_3 zeigt ebenfalls eine geordnete Struktur. Die Überstrukturlinien sind jedoch im Vergleich mit den Reflexen der ungeordneten Struktur so schwach, daß sie auf Guinier-Aufnahmen nicht zu erkennen sind. Die Untersuchung erfolgt deshalb mit einem Röntgengoniometer und Cu-K_α-Strahlung. Zur Eichung der Linienlagen wird als interner Standard Silizium beigemischt.

Aus den Meßwerten der Tabelle 3 ergibt sich eine Gitterkonstante a = 1,o222 ± o,ooo2 nm. Dies entspricht einer Gitterkonstanten für ungeordnetes Ga_2Te_3 von a = 0,5902 ± 0,0001 nm. Eigene Messungen an ungeordnetem Ga_2Te_3 liefern dagegen eine etwas kleinere Gitterkonstante von a = o,5899 ± o,ooo1 nm. Woolley und Pamplin /12/ berichteten ebenfalls über eine Zunahme der Gitterkonstante nach einer Wärmebehandlung, fanden jedoch in Debye-Scherrer-Aufnahmen keine Überstrukturlinien.

Eine eingehende Betrachtung von Tabelle 3 zeigt, daß die Lagen der Überstrukturreflexe stärker streuen als die der anderen Linien und mehr zu kleineren Winkeln als den berechneten tendieren. Dies deutet darauf hin, daß es sich bei der untersuchten Substanz wahrscheinlich um eine Mischung aus geordneten und ungeordneten Bereichen handelt, wobei die Gitterkonstante der geordneten Bereiche etwas größer sein müßte als die der ungeordneten Bereiche.

Tabelle 3: Röntgenaufnahme von geordnetem Ga_2Te_3 (metallgesättigt), Cu-K α -Strahlung, λ = o,154178 nm "x" bedeutet, daß dieser Reflex auch bei ungeordnetem Ga_2Te_3 beobachtet wird. Undotiertes und chalkogengesättigtes Ga_2Te_3 zeigen keine Überstruktur

Nr.	hkl	$I_{rel.}$		$\sin^2\theta$ gemessen	$\sin^2\theta$ berechnet	
1	22o	3o		o,o467	o,o455	
2	3oo/221	94o		o,o511	o,o512	x
3	31o	35		o,o571	o,o569	
4	311	2o		o,o635	o,o626	
5	222	18o		o,o681	o,o682	x
6	321	1o		o,o793	o,o796	
7	422	1ooo		o,1364	o,1365	x
8	5oo	45		o,1429	o,1422	
9	51o	2o		o,1486	o,1479	
1o	511/333	4o		o,1518	o,1536	
11	521	2o		o,1686	o,17o6	
12	522/441	395	α_1	o,1874	o,1874	x
		245	α_2	o,1883	o,1883	
13	6oo/442	1o5	α_1	o,2o47	o,2o44	x
		6o	α_2	o,2o57	o,2o54	
14	444	1o5	α_1	o,2724	o,2725	x
		7o	α_2	o,2736	o,2739	
15	7oo	3o		o,2755	o,2787	
16	722/544	115	α_1	o,3239	o,3236	x
		6o	α_2	o,3257	o,3253	
17	65o/643	35		o,343o	o,3469	
18	8oo	15		o,3629	o,3648	
19	822/66o	16o	α_1	o,4o87	o,4o88	x
		9o	α_2	o,41o9	o,41o8	
2o	9oo/841/744/663	8o	α_1	o,46o4	o,4599	x
		35	α_2	o,4627	o,4622	
21	844	2o		o,5451	o,546o	x
22	1o.2.1/854	25		o,5969	o,5972	x
23	1o.2.2/666	1o		o,6138	o,6142	x
24	1o.4.2	65	α_1	o,6811	o,6814	x
		3o	α_2	o,6845	o,6847	
25	11.2.2/1o.5.2	1o	α_1	o,7327	o,7325	x
		5	α_2	o,7366	o,7361	
26	12.3.o/966	1o	α_1	o,8691	o,8687	x
		1o	α_2	o,8719	o,8731	

Gestützt wird diese Vermutung durch die von Semiletov und Vlasov /15/ gemessene Gitterkonstante von a = 1,o32 nm für Aufdampfschichten aus geordnetem Ga_2Te_3.

5.2. Untersuchungen an In_2Te_3

5.2.1. Modifikationen des In_2Te_3

Vom In_2Te_3 ist bekannt, daß es in zwei Modifikationen vorkommt, die sich durch geordnete beziehungsweise statistische Verteilung der Indiumatome auf die zur Verfügung stehenden Gitterplätze unterscheiden.
Die Hochtemperaturphase β-In_2Te_3 kristallisiert im sogenannten Defekt-Zinkblendegitter. Das Metalluntergitter ist statistisch von Indiumatomen und Leerstellen im Verhältnis 2 : 1 besetzt. Ihre Gitterkonstante ist a = o,6158 nm /16/.
Bei tieferen Temperaturen tritt eine Ordnung der Indiumatome im Metalluntergitter ein. Die Struktur des geordneten α-In_2Te_3 ist umstritten. Während Inuzuka und Sugaike /17/ sowie Zaslavskii und Sergeeva /18,19/ eine kubische Überstruktur mit der dreifachen Gitterkonstante des β-In_2Te_3 postulieren, sind Woolley und Mitautoren /16/ der Ansicht, daß die von ihnen bei Pulveraufnahmen beobachteten Intensitäten eine kubische Überstruktur ausschließen. Stattdessen schlagen sie zwei alternative Strukturen vor: entweder eine tetragonale Antifluorit-ähnliche Struktur, in der die Indiumatome in geordneter Verteilung ein Drittel der Fluorid-Plätze besetzen, oder eine orthorhombische, vom Defekt-Zinkblendegitter abgeleitete Struktur.
Eine Strukturaufklärung mit Einkristalluntersuchungen /16,18/ scheiterte daran, daß keine brauchbaren Einkristalle gefunden wurden. Selbst mit guten Kristallen, das heißt mit wohlgeordneten Kristallen ohne Zwillingsbildung, scheint es wegen der Ähnlichkeit der Ordnungszahlen von Indium und Tellur jedoch wenig aussichtsreich, die Struktur des α-In_2Te_3 mit Röntgen-Einkristallverfahren untersuchen zu wollen.
Karakostas und Economou /1o/ sowie Bleris und Mitarbeiter /2o/ konnten aber durch elektronenmikroskopische Untersuchung und Elektronenbeugung zeigen, daß α-In_2Te_3 unter den von ihnen angewandten Bedingungen aus zwei Phasen besteht: α-In_2Te_3I und α-In_2Te_3II.

Dabei zeigt α-In_2Te_3II die von Zaslavskii vorgeschlagene kubische Überstruktur mit a = $3 \cdot a_u$ (a_u ist die Gitterkonstante des β-In_2Te_3), jedoch mit einer hohen Dichte von Stapelfehlern, vermutlich wegen einer Abweichung von der stöchiometrischen Zusammensetzung. Für α-In_2Te_3I wird eine langperiodische Überstruktur mit tetragonaler Basiszelle vermutet. Die Ergebnisse der Elektronenbeugungsuntersuchungen deuten darauf hin, daß unterhalb der Umwandlungstemperatur Domänen von verschieden orientiertem α-In_2Te_3I sowie α-In_2Te_3II fein verteilt in β-In_2Te_3 vorliegen. Aufgrund des Phasendiagramms des Systems Indium-Tellur vermuten Karakostas und Economou /1o/, daß sich die beiden geordneten Modifikationen durch den Zerfall von β-In_2Te_3 in eine indiumreichere und eine tellurreichere Phase bilden.

5.2.2. Eigene Röntgenmessungen an $In_{2+x}Te_3$-Proben

Alle Messungen dieses Abschnitts wurden mit einem Pulverdiffraktometer mit Schrittschaltwerk ausgeführt. Um auch schwache Überstrukturlinien erkennen zu können, waren Zählzeiten bis zu 4o sec je o,o1-Grad-Schritt notwendig.

Messungen an In_2Te_3, das bei 5oo bis 6oo °C mit einem zweiphasigen Gemisch der Zusammensetzung 57,7 Mol-% Tellur auf die indiumreichere Seite des Existenzbereiches eingestellt werden sollte, zeigten, daß die Linien des In_2Te_3 verschwunden waren. Stattdessen trat eine große Zahl neuer Linien auf. Diese Linien gehörten weder zu Indium oder Tellur, noch zu InTe oder In_3Te_5. Ein erneutes Tempern dieser Substanz unter Bedingungen, die zu einer Einstellung auf die tellurreiche Seite des Existenzbereiches führen, ergab wieder eine Phase mit dem Röntgendiagramm des geordneten α-In_2Te_3. Diese Beobachtung steht im Widerspruch zu dem von Grochowski und Mitarbeitern veröffentlichten Zustandsdiagramm des Systems Indium-Tellur /6/. Danach existiert neben In_2Te_3 eine indiumreichere Phase mit der Zusammensetzung In_3Te_4, entsprechend 57 Mol-% Te. Holmes und andere /9/ haben diese Phase nicht gefunden. Sie schlagen ein anderes Zustandsdiagramm vor, wonach der Existenzbereich von β-In_2Te_3 größer ist als der von α-In_2Te_3. Zu einem ähnlichen Resultat gelangen Palatnik und andere /21/.

Die verschiedenen vorgeschlagenen Zustandsdiagramme erklären jedoch nicht, welche Phase sich bei dem Versuch bildet, α-In_2Te_3 auf den metallreichen Rand des Existenzbereiches einzustellen. Um diese Frage zu klären, wurde eine röntgenografische Phasen-

analyse an Proben mit Abweichungen von der stöchiometrischen Zusammensetzung des In_2Te_3 vorgenommen. Die Herstellung der Proben erfolgte in zwei Schritten. Im ersten Schritt werden Indium und Tellur im gewünschten Verhältnis abgewogen, in evakuierten Quarzampullen bei 69o °C zur Reaktion gebracht und einige Tage bei 63o °C homogenisiert. Anschließend werden die Ampullen in Eiswasser abgeschreckt.
Die so hergestellten Ausgangssubstanzen werden in einem zweiten Schritt bei verschiedenen Temperaturen zwischen 55o und 69o °C getempert und anschließend in Eiswasser abgeschreckt. Es ist darauf zu achten, möglichst kleine Ampullen zu verwenden. Damit wird erreicht, daß die Änderung der Zusammensetzung durch Entweichen von Tellur in die Gasphase möglichst gering bleibt. Außerdem lassen sich kleine Ampullen schneller abschrecken.
Tabelle 4 zeigt, welche Phasen in den einzelnen Fällen auftreten.
Die Ergebnisse unserer Messungen führen zu dem in Abbildung 5 gezeigten modifizierten Phasendiagramm. Der wesentliche Unterschied zum Phasendiagramm nach Holmes u.a. /9/ ist das Auftreten von zwei geordneten α-In_2Te_3-Phasen mit unterschiedlicher Abweichung von der nominellen Stöchiometrie des In_2Te_3. In Anlehnung an Karakostas und Economou /1o/ nennen wir die beiden Phasen α-In_2Te_3I und α-In_2Te_3II.
α-In_2Te_3I bildet sich bei 628 ± 5 °C wahrscheinlich in einer peritektoiden Reaktion aus InTe und β-In_2Te_3. Seine Struktur soll in einer weiteren Arbeit näher untersucht werden. Drehkristallaufnahmen zeigen, daß auch äußerlich gut ausgebildete Plättchen nicht einkristallin waren.
α-In_2Te_3II entspricht dem bisher als α-In_2Te_3 bezeichneten geordneten In_2Te_3 und stellt eine Überstruktur des β-In_2Te_3-Gitters dar, wobei das von den Telluratomen besetzte Untergitter unverändert bleibt.
Dagegen unterscheidet sich α-In_2Te_3I vom β-In_2Te_3 nicht nur durch die geordnete Verteilung der Indiumatome, sondern zusätzlich durch eine Abweichung des gesamten Gitters von der kubischen Symmetrie, was durch den ungewöhnlichen Linienreichtum des Pulverdiagramms belegt wird.
Die Zusammensetzungen beider Phasen entsprechen den Summenformeln $In_{28}Te_{4o}$ für α-In_2Te_3I und $In_{27}Te_{4o}$ für α-In_2Te_3II. Die Formel $In_{27}Te_{4o}$ für α-In_2Te_3II wurde bereits von Grochowski /6/ angegeben.

Tabelle 4: Temperbedingungen und auftretende Phasen im System Indium-Tellur

Probennummer	Substanz		Temperbedingungen		gefundene Phasen
	Stöchiometrie	Mol-% Te	°C	h	
CH1	$In_{1,695}Te_3$	63,90	550	240	α-In_2Te_3II + Te
CH2	$In_{1,839}Te_3$	62,00	550	240	"
17.3	In_2Te_3 tellurgesättigt	Anm. 1	500	170	α-In_2Te_3II
25.3	" "	"	550	240	"
23.1	$In_{1,980}Te_3$	60,24	Anm. 2		"
26.1	$In_{1,999}Te_3$	60,01	"		"
26.4	"	"	657	0,5	β-In_2Te_3
26.5	"	"	655	0,1	"
26.6	"	"	640	0,1	"
26.7	"	"	620	0,1	"
26.8	"	"	623	0,2	"
26.9	"	"	618	0,1	α-In_2Te_3II
24.1	$In_{2,010}Te_3$	59,88	Anm. 2		"
24.3	"	"	690	1	Schmelze
24.4	"	"	690	3	"
24.5	"	"	657	17	β-In_2Te_3
24.6	"	"	657	40	"
25.1	$In_{2,020}Te_3$	59,76	Anm. 2		α-In_2Te_3II
17.2	"	"	"		"
14.4	In_2Te_3 indiumgesättigt	Anm. 1	500	240	α-In_2Te_3I + α-In_2Te_3II (Anm. 3)

Fortsetzung Tabelle 4

Probennummer	Substanz		Temperbedingungen		gefundene Phasen
	Stöchiometrie	Mol-% Te	°C	h	
17.4	In_2Te_3 indiumgesättigt	Anm. 1	500	170	α -In_2Te_3I
20.4	" "	"	550	170	"
25.2	" "	"	600	90	"
29.1	$In_{2,039}Te_3$	59,54	630	24	β -In_2Te_3
29.2	"	"	550	65	α -In_2Te_3I + α -In_2Te_3II
29.3	"	"	631	24	β -In_2Te_3
29.4	"	"	625	24	β -In_2Te_3 + α -In_2Te_3I
29.5	"	"	635	24	β -In_2Te_3
29.6	"	"	600	48	α -In_2Te_3I
29.7	"	"	580	48	α -In_2Te_3I + α -In_2Te_3II
29.8	"	"	600	70	"
29.9	"	"	620	46	"
29.10	"	"	620	137	"
30.1	$In_{2,075}Te_3$	59,12	630	24	β -In_2Te_3 + InTe
30.2	"	"	550	65	α -In_2Te_3I + α -In_2Te_3II
31.1	$In_{2,149}Te_3$	58,27	630	24	β -In_2Te_3 + InTe
31.2	"	"	550	65	α -In_2Te_3I + InTe
31.3	"	"	580	88	α -In_2Te_3I
31.4	"	"	600	24	α -In_2Te_3I + InTe
31.5	"	"	620	24	"

Fortsetzung Tabelle 4

Probennummer	Substanz		Temperbedingungen		gefundene Phasen
	Stöchiometrie	Mol-% Te	°C	h	
31.6	$In_{2,149}Te_3$	58,27	640	24	β-In_2Te_3 + InTe
31.8	"	"	631	24	"
31.9	"	"	625	24	α-In_2Te_3I + InTe
31.10	"	"	635	24	β-In_2Te_3 + InTe
32.1	$In_{2,250}Te_3$	57,14	630	24	"
32.2	"	"	550	65	α-In_2Te_3I + InTe
ME1	$In_{2,199}Te_3$	57,70	550	240	"
ME2	$In_{2,780}Te_3$	51,90	550	240	"

Anmerkungen:
1. Zusammensetzung am Rand des Existenzbereiches
2. Kristallzucht
3. Bei dieser Eigendotierung entstand ein zweiphasiges Produkt, da der Indiumgehalt des zur Eigendotierung verwendeten zweiphasigen Gemisches zu gering war, um das gesamte Ausgangsmaterial in -In_2Te_3I zu überführen.

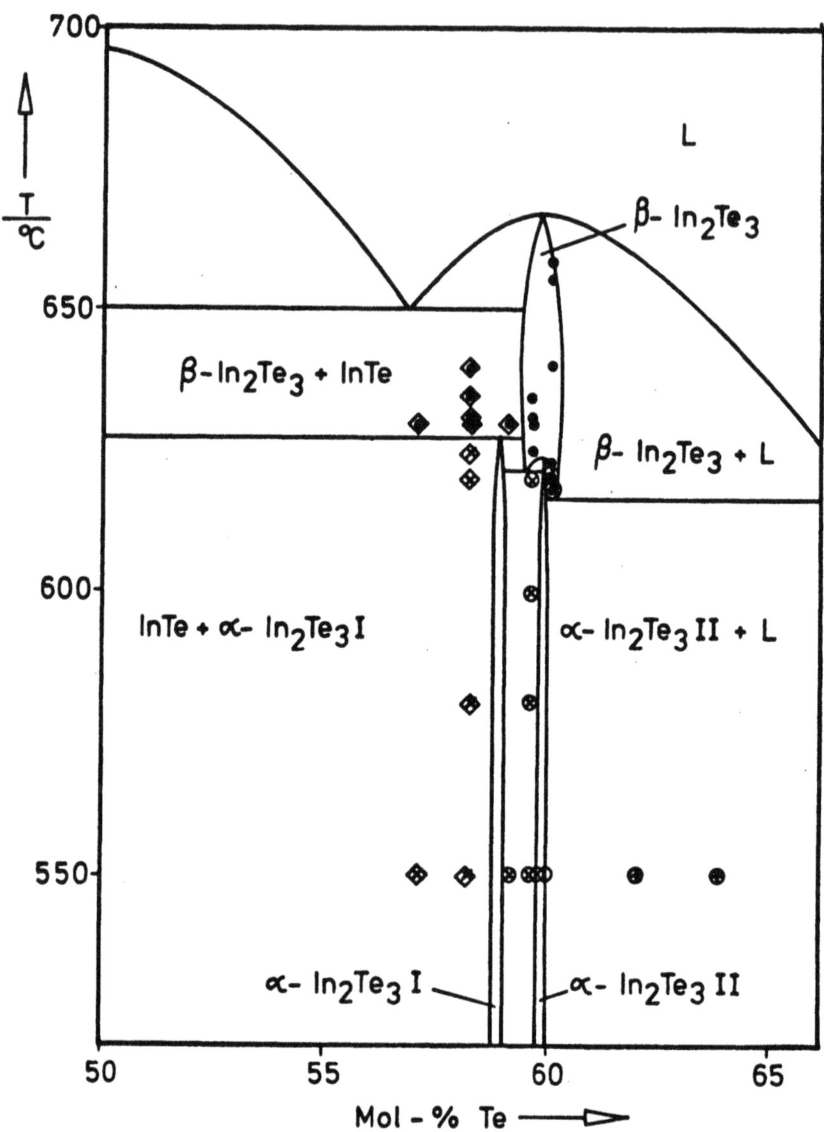

Abbildung 5: Zustandsdiagramm des Systems Indium-Tellur im Bereich 5o bis 66 Mol-% Tellur

● : β -In_2Te_3
○ : α -In_2Te_3II
× : α -In_2Te_3I
◇ : InTe
+ : Te

5.3. Überstruktur und Gitterkonstante in $Ga_{2x}In_{2-2x}Te_3$ - Mischphasen

Nach Woolley und Smith /22/ sowie Grigoreva /23/ bilden Ga_2Te_3 und In_2Te_3 eine durchgehende Mischkristallreihe. Die von ihnen hergestellten Mischkristalle zeigen nach dem Tempern bei 5oo °C bis 6oo °C /22/ beziehungsweise nach dem Abkühlen der Schmelze mit der Abkühlgeschwindigkeit 5o Grad je Stunde /23/ die dem β-In_2Te_3 entsprechende Struktur mit ungeordnetem Metalluntergitter, wobei die Gitterkonstanten sich entsprechend der Vegard'schen Regel verhalten.
Im Zusammenhang mit dem im Abschnitt 6.4 beschriebenen Konzentrationssprung im Diffusionsprofil wurde im Konzentrationsbereich von 0 bis 2o Mol-% Ga_2Te_3 die Abhängigkeit der Gitterkonstante von der Konzentration genauer überprüft, um eine in diesem Bereich eventuell auftretende Mischungslücke zu lokalisieren. Der in Abbildung 6 wiedergegebene Verlauf der Gitterkonstante zeigt jedoch, daß unterhalb von 2o Mol-% Ga_2Te_3 keine Mischungslücke auftritt.
Außerdem stellt sich im Zusammenhang mit den Interdiffusionsmessungen die Frage, wie der Übergang vom geordneten α-In_2Te_3II zum ungeordneten $Ga_{2x}In_{2-2x}Te_3$-Mischkristallbereich sich auf die Interdiffusion der Kationen im Metalluntergitter auswirkt. Dazu werden Mischungen unterschiedlicher Zusammensetzung hergestellt, indem Ga_2Te_3 und In_2Te_3 in einer evakuierten Quarzampulle bei 7oo °C zusammengeschmolzen und 24 Stunden lang homogenisiert werden. Anschließend werden die Proben rasch in Eiswasser abgeschreckt. Die Röntgenbeugungsuntersuchung der abgeschreckten Proben zeigt, daß keine völlig statistische Verteilung der Metallatome im Metalluntergitter vorliegt. Die Überstrukturreflexe sind jedoch sehr schwach und diffus. Vermutlich sinkt die Temperatur der Proben in der evakuierten Ampulle trotz Abschreckens nicht schnell genug ab, um eine geringe Ordnung der Kationen zu verhindern. Die so gewonnenen Mischungen werden dann unterschiedlich lange bei 55o °C getempert und zum Schluß wieder in Eiswasser abgeschreckt.
Zur halbquantitativen Erfassung des Ordnungsgrades wird die Intensität des (531)-Überstrukturreflexes, bezogen auf die Intensität des (6oo)-Reflexes, verfolgt. Die Indizierung der Reflexe bezieht sich dabei auf die kubische α-In_2Te_3II-Elementarzelle.

Beide Reflexe werden ausgewählt, weil sie nah benachbart sind und im α-In_2Te_3II größenordnungsmäßig gleiche Intensitäten aufweisen. Dadurch werden andere Einflüsse auf die Intensität weitgehend ausgeschaltet.

Die Tabelle 5 zeigt, daß im reinen In_2Te_3 die Phasenumwandlung am langsamsten abläuft. Erst nach einer Temperzeit von mehreren hundert Stunden bei 55o °C steigt die Intensität der Überstrukturlinien nicht mehr weiter an. Dagegen verläuft die Umwandlung in den galliumhaltigen Proben wesentlich schneller. Bereits nach fünfstündigem Tempern steigt die Intensität nicht weiter an. Dies ist vermutlich darauf zurückzuführen, daß die kleineren Galliumatome im Mischkristall eine höhere Beweglichkeit haben als die Indiumatome im In_2Te_3.

Mit noch weiter steigendem Galliumgehalt nimmt diese Beweglichkeit wahrscheinlich wieder ab, da das Gitter schrumpft. Dementsprechend geht dann bei gleicher Temperzeit der Anteil der geordneten Phase zurück.

Tabelle 5: Relative Intensität des (531)-Reflexes in $Ga_{2x}In_{2-2x}Te_3$-Mischphasen, bezogen auf die Intensität des (6oo)-Reflexes

Mol-% Ga_2Te_3	Temperbedingungen	$\frac{I_{(531)}}{I_{(600)}}$
o,o	abgeschreckte Schmelze	o,o4
o,o	55o °C, 5 h	o,4
o,o	" 25 h	1,1
o,o	" 24o h	1,6
9,6	abgeschreckte Schmelze	o,o
9,6	55o °C 5 h	1,3
9,6	" 25 h	1,1
1o,2	" 12o h	1,2
14,2	" "	1,2
16,4	abgeschreckte Schmelze	o,1
16,4	55o °C 5 h	o,9
16,4	" 25 h	1,1
19,5	" 12o h	o,5
19,7	" 24 h	o,6

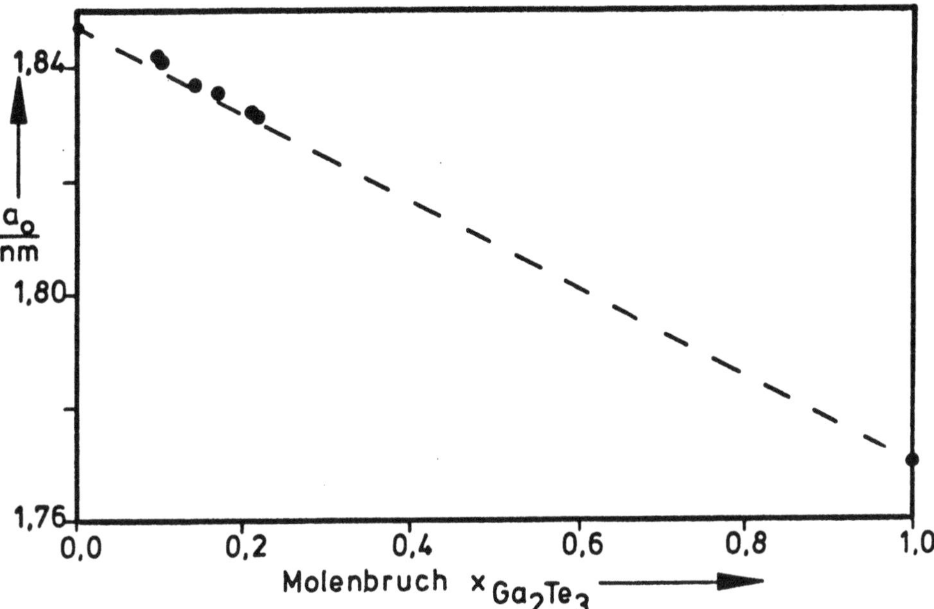

Abb. 6: Gitterkonstante von $Ga_{2x}In_{2-2x}Te_3$-Mischphasen (α-In_2Te_3II-Struktur)

6. Diffusionsmessungen

6.1. Herstellung und Temperung der Diffusionsproben

Die Diffusionspaare bestehen aus zwei Kristallen von In_2Te_3 und Ga_2Te_3, die durch eine Matrix aus In_2Te_3 zusammengehalten werden. Die Kristalle haben eine Größe von ungefähr 1 x 2 x 2 mm und werden an einer Spaltfläche plangeschliffen und mit Diamantpaste poliert. Die Kontaktierung geschieht in einer hydraulischen Presse nach einem von Leute und Mitarbeitern entwickelten Verfahren /24/.

Es werden drei Meßreihen mit Proben unterschiedlicher Zusammensetzung untersucht:

a) Zusammensetzung minimalen Dampfdrucks
b) metallgesättigte Proben
c) chalkogengesättigte Proben.

Dabei hat das Matrixmaterial jeweils die gleiche Zusammensetzung wie der In_2Te_3-Kristall.
Das Diffusionstempern geschieht in evakuierten Quarzampullen. Bei metallgesättigten und chalkogengesättigten Proben wird in die Ampulle zusätzlich das gleiche zweiphasige Gemisch gegeben, mit dem das entsprechende In_2Te_3 eigendotiert wurde. Bei der Meßreihe b) wird das bereits beschriebene α-In_2Te_3I mit der Zusammensetzung des metallreichen Randes des Existenzbereiches von α-In_2Te_3I verwendet.
Das Diffusionstempern erfolgt in temperaturgeregelten Rohröfen mit Widerstandsheizung. Die Temperaturen liegen zwischen 4oo °C und 6oo °C mit einer Regelgenauigkeit von ±2 Grad. Bei Temperaturen oberhalb 6oo °C würde ein Teil der Diffusionsprobe schmelzen, unterhalb 4oo °C wären die Temperzeiten bis zur Ausbildung ausreichend breiter Diffusionszonen zu lang.
Die verwendeten Temperzeiten liegen zwischen einer und 4oo Stunden; die Breite der Diffusionszone beträgt je nach Temperbedingungen 3o bis 5oo µm.

6.2. Messungen mit der Elektronenstrahlmikrosonde

Nach dem Tempern werden die Proben senkrecht zur ursprünglichen Grenzfläche zwischen den Kristallen angeschliffen und mit Diamantpaste (o,25 µm) poliert. Das Ausmessen der Diffusionsprofile geschieht mit der Elektronenstrahlmikrosonde (Jeol JXA 3A) im Line-scanning-Verfahren. Dabei wird die Probe mit einer Geschwindigkeit von 2 bis 1o µm min^{-1} senkrecht zur ursprünglichen Phasengrenze unter dem fokussierten Elektronenstrahl hindurch bewegt. Der Durchmesser des Elektronenstrahls beträgt etwa 2 µm bei einem Probenstrom von $5 \cdot 1o^{-8}$ Ampere. Der Probenstrom entspricht der Menge der je Zeiteinheit von der Probenoberfläche absorbierten Elektronen.
Die Intensität der in der Probe erzeugten charakteristischen Röntgenstrahlung wird in zwei wellenlängendispersiven Spektrometern gemessen und mit einem Mehrkanalschreiber kontinuierlich registriert.
Zur Analyse der Konzentrationen werden die $L\alpha_1$-Linie des Indiums (Spektrometerkristall: Mica) und die $K\alpha_1$-Linie des Galliums (Spektrometerkristall: Quarz) benutzt.

6.3. Berechnung konzentrationsabhängiger Interdiffusionskoeffizienten

Zur Ermittlung der Massenbrüche aus den Röntgenintensitäten wurden Eichmessungen an homogenen Mischkristallen bekannter Zusammensetzung vorgenommen. Dabei ergab sich, daß die relative Röntgenintensität der Substanz x, die definiert ist als

$$R^x_{Ga} = \frac{I^x_{Ga} - I^{In_2Te_3}_{Ga}}{I^{Ga_2Te_3}_{Ga} - I^{In_2Te_3}_{Ga}} ,$$

mit I^x_{Ga} = Intensität der Gallium-$K\alpha_1$-Röntgenstrahlung der Substanz x = $Ga_{2x}In_{2-2x}Te_3$,

in guter Näherung gleich dem Ga_2Te_3-Massenbruch ist.
Für den Zusammenhang zwischen R^x_{In} und dem In_2Te_3-Massenbruch c liefert die Kalibrierung:

$$c = \frac{R^x_{In}}{0{,}81 + 0{,}19 \cdot R^x_{In}} .$$

Zur Berechnung der Interdiffusionskoeffizienten werden die Profile durch ein Polygon aus 6o bis 12o Stützwerten approximiert, deren Koordinaten auf Lochkarten übertragen werden. Mit einem Fortran IV - Programm werden aus diesen Stützwerten die Massenbrüche von In_2Te_3 beziehungsweise Ga_2Te_3 als Funktion der Ortskoordinate z und daraus nach einem von den Broeder modifizierten Boltzmann-Matano-Verfahren /25/ massenbruchabhängige Interdiffusionskoeffizienten berechnet.
Für jede untersuchte Temperatur eines Diffusionssystems werden vier bis zwölf Diffusionsprofile ausgewertet.

6.4. Diskussion der Ergebnisse

6.4.1. Allgemeines

Die Meßergebnisse an verschiedenen Profilen streuen beim hier untersuchten System stärker als bei anderen nach der gleichen Methode untersuchten Systemen. Dies hat mehrere Ursachen:

1. Da die Kristalle sehr spröde sind, können beim Pressen der Tabletten nur Drücke bis 6 kbar angewendet werden. Trotzdem zeigen viele Tabletten nach dem Diffusionstempern Sprünge in den Kristallen. Es kann nicht völlig ausgeschlossen werden, daß solche Sprünge auch unter den Temperbedingungen vorliegen und daß durch diese Sprünge ein merklicher Anteil der Diffusion als Korngrenzen-, Oberflächen- oder Versetzungsdiffusion erfolgt. Es ist jedoch auszuschließen, daß die Diffusion über solche "schnellen Wege" vorherrscht, da weder eine geringere Aktivierungsenthalpie der Diffusion bei niedrigen Temperaturen (siehe Abschnitt 6.4.3) noch eine erhöhte Konzentration eines Elements entlang der Sprünge festgestellt wurde.
2. Bei vielen Diffusionsproben liegt innerhalb der Diffusionszone eine ca. 4 bis 10 µm dicke Zone mit sehr poröser Substanz. Beim Polieren läßt es sich nur selten vermeiden, daß an dieser Stelle ein Graben entsteht. Durch Extrapolation aus dem Verlauf in den angrenzenden Gebieten kann nur ein angenäherter Verlauf des Diffusionsprofils abgeschätzt werden.
3. Bei undotierten Proben und Diffusionstemperaturen von 400 °C und 450 °C streuen die Diffusionskoeffizienten zwischen verschiedenen Proben um bis zu zwei Zehnerpotenzen (siehe Abbildung 7). Es zeigt sich, daß sowohl das verwendete Matrixmaterial als auch die Temperzeit einen Einfluß auf die Meßergebnisse haben. Daraus ist zu schließen, daß in diesen Fällen während des Diffusionstemperns kein ausreichender Kontakt zwischen den Diffusionspartnern bestand.
4. Im System mit chalkogengesättigten Ausgangssubstanzen entstehen während des Diffusionstemperns Ausscheidungen, die im Lichtmikroskop deutlich zu erkennen sind. Die Ausscheidungen befinden sich im Ga_2Te_3-reichen Teil der Diffusionszone, meist innerhalb einer einige Mikrometer dicken Schicht. Die quantitative Untersuchung der Ausscheidungen durch Punktmessungen mit der Elektronenstrahlmikrosonde ergab, daß es sich bei den Ausscheidungen

vermutlich um Ga_2Te_5 handelt. Das Auftreten dieser Ausscheidungen kann darauf zurückgeführt werden, daß der Existenzbereich von In_2Te_3 sich weiter auf die tellurreiche Seite des Phasendiagramms erstreckt als der Existenzbereich von Ga_2Te_3 und von Ga_2Te_3-reichen $Ga_{2x}In_{2-2x}Te_3$-Mischphasen. Dadurch entsteht während der Diffusion in der Diffusionszone ein Tellurüberschuß, der zum Ausscheiden von Ga_2Te_5 führen muß.
Es ist nicht möglich, den Einfluß von Ausscheidungen auf das Diffusionsgeschehen exakt zu berücksichtigen. Da die Diffusionsprofile jedoch im Bereich zwischen den Ausscheidungen eine ungestörte Form aufweisen, kann geschlossen werden, daß die Diffusion nicht sehr behindert wird.

6.4.2. Zur Konzentrationsabhängigkeit des Interdiffusionskoeffizienten

Die in Massenbruchschritten von o,o5 berechneten Interdiffusionskoeffizienten $\tilde{D}$ für die verschiedenen Temperaturen sind in den Abbildungen 7,8 und 9 logarithmisch als Funktion des In_2Te_3-Massenbruchs aufgetragen. Die eingezeichneten Fehlerbalken kennzeichnen den Vertrauensbereich des Mittelwertes für eine statistische Sicherheit von 95 %.
Die Abhängigkeit des Interdiffusionskoeffizienten vom In_2Te_3-Massenbruch ist je nach Diffusionstemperatur unterschiedlich. Bei 4oo °C und 45o °C nimmt der Interdiffusionskoeffizient mit zunehmendem In_2Te_3-Gehalt etwas ab. Dies gilt für das chalkogengesättigte und für das metallgesättigte Diffusionssystem. Über das undotierte System läßt sich in diesem Temperaturbereich keine Aussage machen (siehe Abschnitt 6.4.1).
Bei Temperaturen zwischen 5oo °C und 6oo °C kehrt sich das Bild um. Der Verlauf des Interdiffusionskoeffizienten im undotierten und im chalkogengesättigten System hat ein Maximum bei etwa 8o bis 9o Gewichtsprozent In_2Te_3. Die mittlere Beweglichkeit der Metallatome ist augenscheinlich bei dieser Zusammensetzung besonders hoch. Im Abschnitt 5.3. wurde bereits gezeigt, daß auch die Geschwindigkeit der Phasenumwandlung β-$Ga_{2x}In_{2-2x}Te_3$ $\longrightarrow$ α-$Ga_{2x}In_{2-2x}Te_3$ in diesem Konzentrationsbereich ein Maximum hat.
Im metallgesättigten System steigt der Interdiffusionskoeffizient in diesem Bereich kontinuierlich an, dagegen hat er ein leichtes Maximum bei etwa 15 bis 2o Gewichtsprozent In_2Te_3.

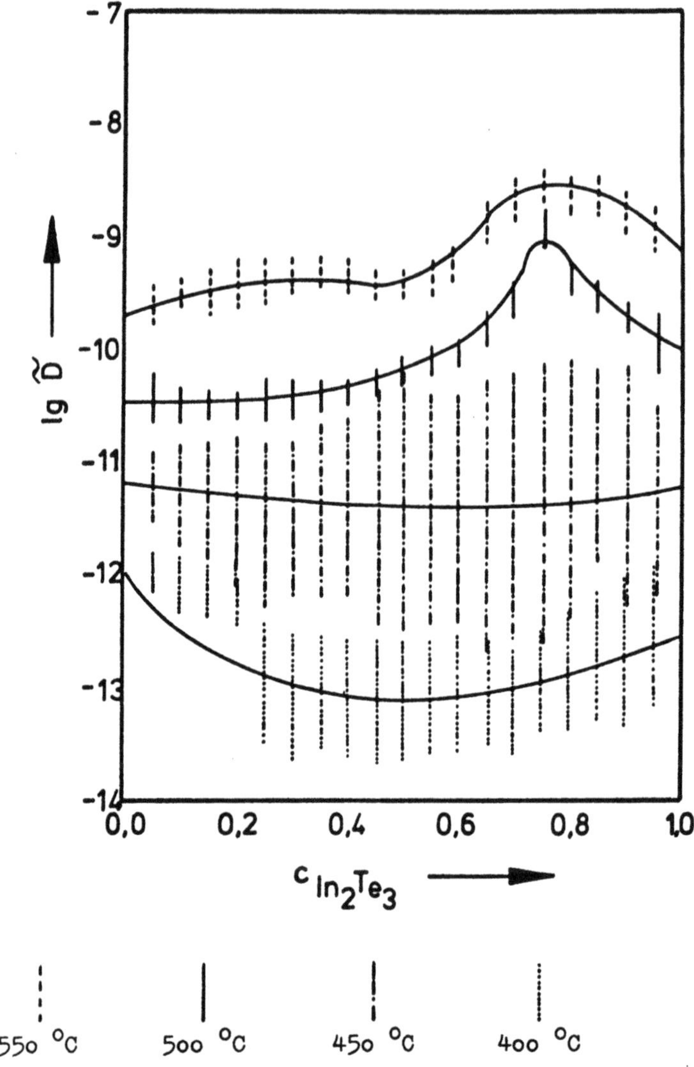

Abbildung 7: Interdiffusionskoeffizienten im System Ga_2Te_3-In_2Te_3 undotiert

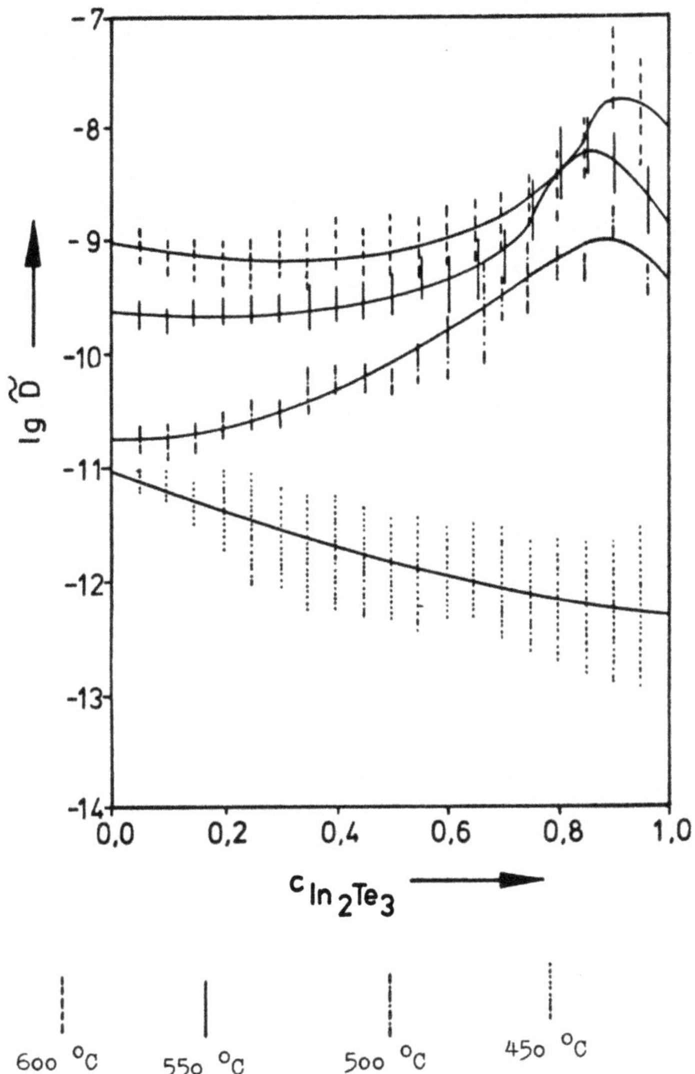

Abbildung 8: Interdiffusionskoeffizienten im System Ga_2Te_3-In_2Te_3 chalkogengesättigt

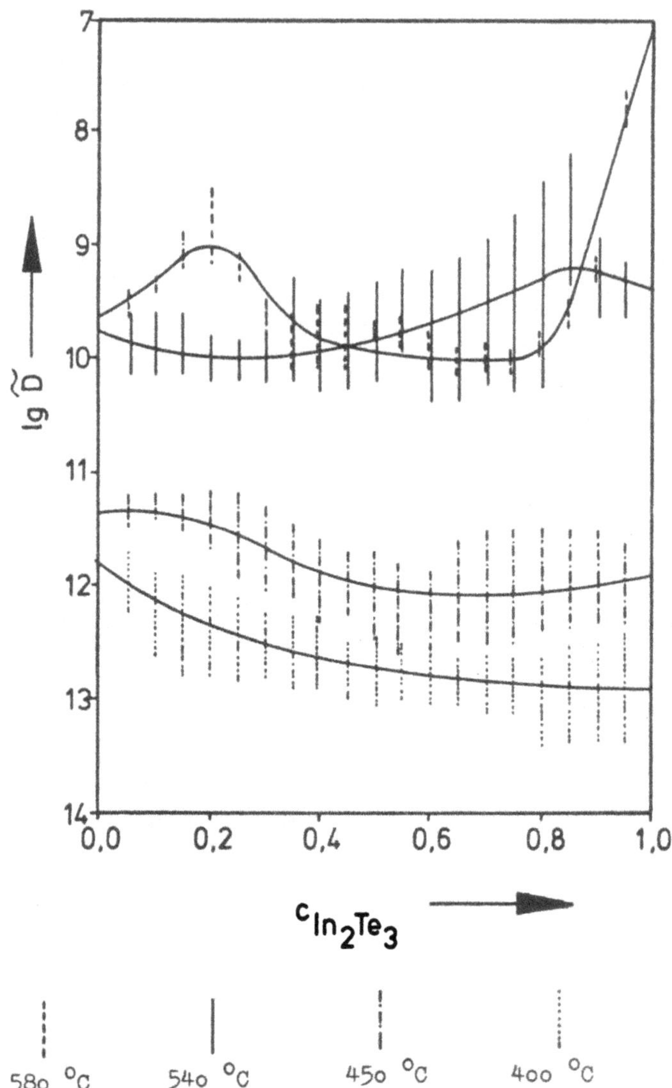

Abbildung 9: Interdiffusionskoeffizienten im System Ga_2Te_3-In_2Te_3 metallgesättigt

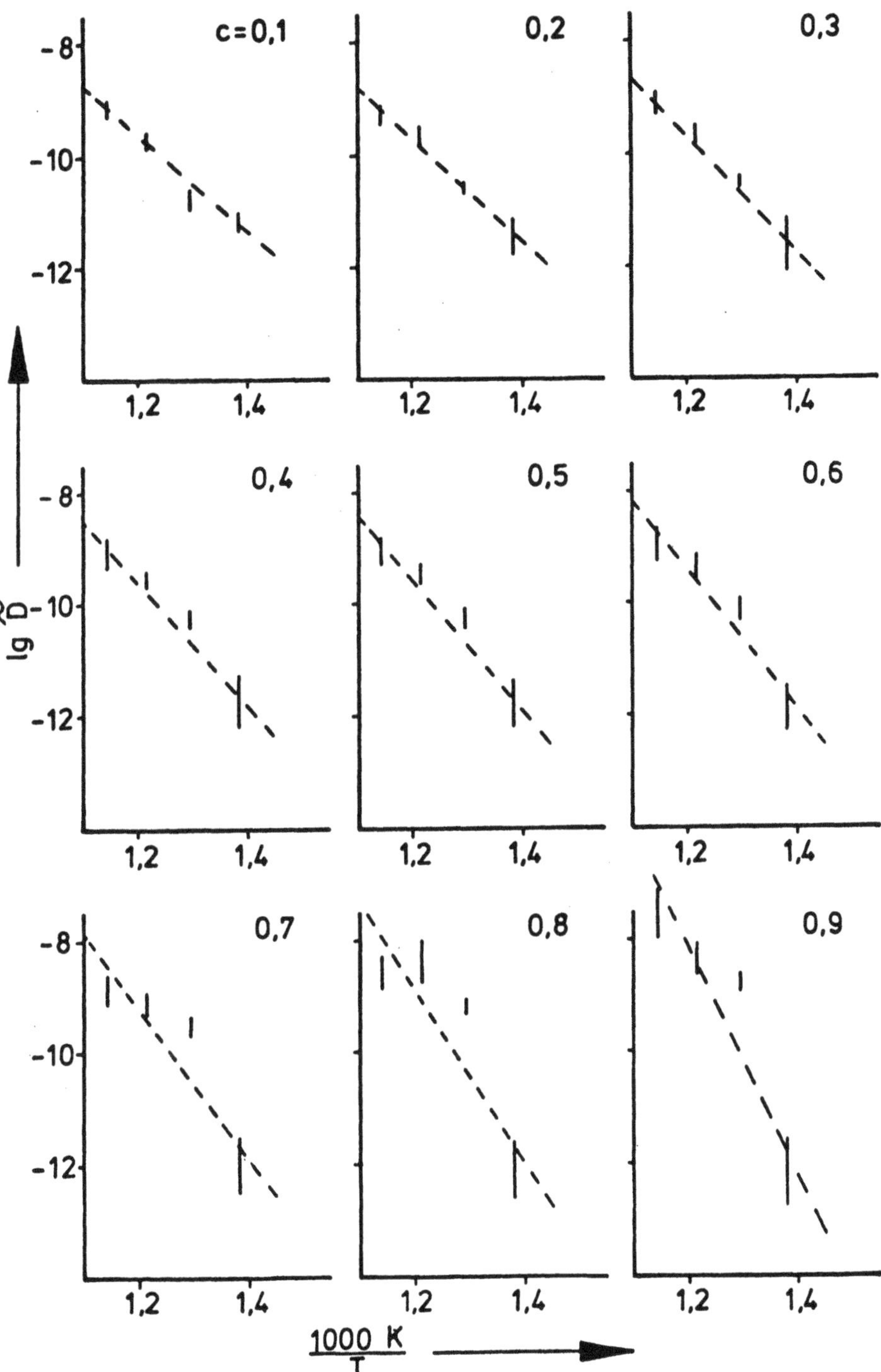

Abbildung 1o: Arrheniusdarstellung der Interdiffusionskoeffizienten im System Ga_2Te_3-In_2Te_3 chalkogengesättigt

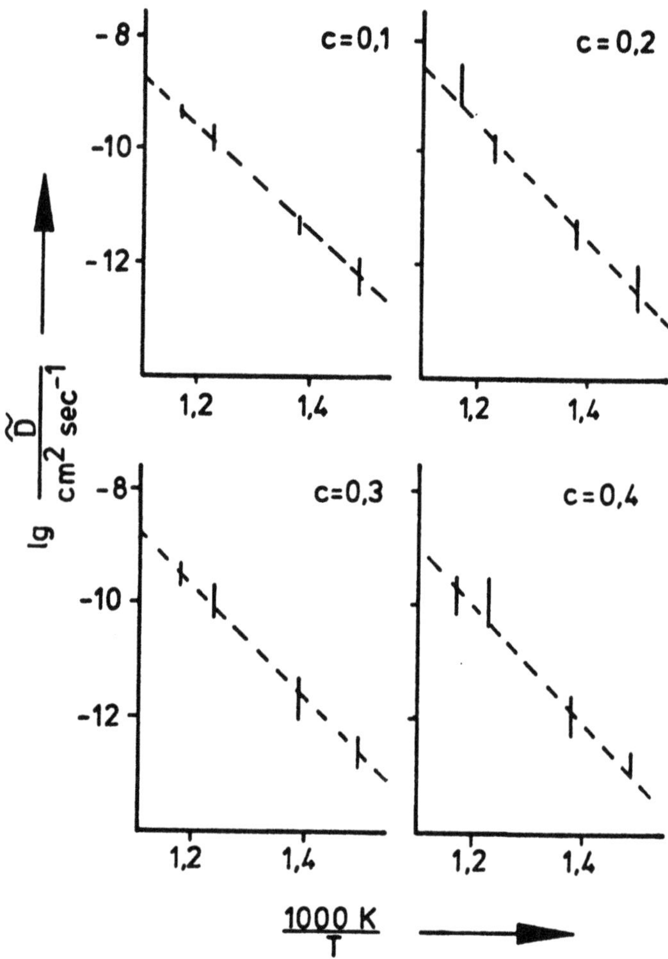

Abbildung 11: Arrheniusdarstellung der Interdiffusionskoeffizienten im System Ga_2Te_3-In_2Te_3 metallgesättigt für In_2Te_3-Massenbrüche von o,1 bis o,4

6.4.3. Zur Temperaturabhängigkeit des Interdiffusionskoeffizienten

Wenn sich der Diffusionsmechanismus im untersuchten Temperaturintervall nicht ändert, läßt sich die Temperaturabhängigkeit des Interdiffusionskoeffizienten D im allgemeinen durch eine Arrheniusgleichung beschreiben:

$$\tilde{D} = \tilde{D}_0 \exp(-\Delta H/RT) \quad ,$$

mit temperaturunabhängigem vorexponentiellen Faktor $\tilde{D}_0$ und ebenfalls temperaturunabhängiger Aktivierungsenthalpie ΔH (R ist die allgemeine Gaskonstante, T die absolute Temperatur). Bei einer Änderung des Diffusionsmechanismus ändern sich im allgemeinen auch ΔH und $\tilde{D}_0$.
Die Ergebnisse der Interdiffusionsmessungen am chalkogengesättigten System werden anhand der Abbildung 1o diskutiert. Sie zeigt die Arrheniusdarstellung der Interdiffusionskoeffizienten. Für neun Zusammensetzungen mit In_2Te_3-Massenbrüchen von 0,1 bis 0,9 ist der dekadische Logarithmus des Interdiffusionskoeffizienten gegen die reziproke absolute Temperatur aufgetragen. Die eingezeichnete Arrheniusgerade ist jeweils aus allen Interdiffusionskoeffizienten der betreffenden Zusammensetzung nach der Methode der kleinsten Fehlerquadrate berechnet. Die Fehlerbalken kennzeichnen die Vertrauensbereiche der Mittelwerte, wobei eine statistische Sicherheit von 95 % zugrundegelegt wurde.
Die Abbildung 1o zeigt, daß die berechneten Arrheniusgeraden nur für In_2Te_3-Massenbrüche bis c = o,3 zur Beschreibung der tatsächlich gemessenen Temperaturabhängigkeit geeignet sind. Bei höheren In_2Te_3-Gehalten zeigen sich systematische Abweichungen der gemessenen Interdiffusionskoeffizienten von den aus der Arrheniusgleichung berechneten Werten. Oberhalb 5oo °C nehmen die Interdiffusionskoeffizienten mit steigender Temperatur weniger stark zu als im Bereich unterhalb 5oo °C. Die Aktivierungsenthalpie der Diffusion ist demnach bei hohen Temperaturen geringer als bei niedrigen. Am deutlichsten ausgeprägt ist diese Tendenz wiederum im Konzentrationsbereich um 8o Gewichtsprozent In_2Te_3 herum, in dem die Beweglichkeit der Metalle, wie bereits gezeigt wurde, ein Maximum aufweist.
Am metallgesättigten Diffusionssystem wird für Konzentrationen bis c = o,4 das gleiche Ergebnis erhalten wie für das chalkogengesättigte System, siehe die Abbildung 11. Bei höheren In_2Te_3-

Konzentrationen ergibt sich zwar ein qualitativ gleiches Bild wie für das chalkogengesättigte System, jedoch wird in diesem Bereich eine eindeutige Aussage unmöglich, da die Streuung der Meßwerte zu groß wird, ebenso wie im undotierten System.

6.4.4. Zur Abhängigkeit des Interdiffusionskoeffizienten von der Eigendotierung

Da jede Diffusion über Gitterdefekte erfolgt, hängen die Diffusionseigenschaften einer Substanz von der Fehlordnung der Kristalle ab. Soweit es sich um Punktfehlstellen in reinen Stoffen handelt, wird die Fehlordnung von der Zusammensetzung des Kristalls innerhalb seines Existenzbereiches bestimmt. Man spricht von Eigenfehlordnung und Eigendefekten im Gegensatz zu den Fremddefekten, die durch Dotierung des Kristalls mit einem Fremdstoff eingebaut werden.

In Interdiffusionsexperimenten an II-VI- und IV-VI-Verbindungen wurde festgestellt, daß die Interdiffusionskoeffizienten meist deutlich von der Eigenfehlordnung beeinflußt werden./26/

Bei den hier beschriebenen Messungen zeigt sich ein ungewöhnlich geringer Einfluß der Eigendotierung auf die Interdiffusion. In Ga_2Te_3-reichen Mischphasen sind die Interdiffusionskoeffizienten im undotierten, chalkogengesättigten und im metallgesättigten System nicht signifikant voneinander verschieden. Nur bei höheren In_2Te_3-Massenbrüchen und Temperaturen über 5oo °C sind die Interdiffusionskoeffizienten im metallgesättigten System etwas geringer als in den beiden anderen Systemen.

Demnach liegt die Annahme nahe, daß die Interdiffusion der Metalle im System Ga_2Te_3-In_2Te_3 über Defekte erfolgt, deren Konzentration mit steigendem Metallgehalt der Mischphase abnimmt. Dazu muß jedoch vorausgesetzt werden, daß die Beweglichkeit der Defekte von der Eigendotierung unabhängig ist. Erfahrungen an II-VI- und IV-VI-Verbindungen zeigen, daß diese Annahme meist berechtigt ist. Beim hier untersuchten System darf diese Annahme jedoch nicht ohne weiteres übernommen werden. Wie die in Abschnitt 5.2.2. beschriebenen Röntgenmessungen zeigen, handelt es sich bei dem α-In_2Te_3 I, wie es für die Diffusionsmessungen im metallgesättigten System verwendet wurde, um eine andere Phase als bei dem undotierten und dem chalkogengesättigten α-In_2Te_3 II.

Da das Zustandsdiagramm des ternären Systems Gallium-Indium-Tellur nicht bekannt ist, ist auch ungeklärt, in welchem Konzentra-

tionsbereich des metallgesättigten Diffusionssystems eine α-$Ga_{2x}In_{2-2x}Te_3$ I-Phase vorliegt.
Die Tatsache, daß nur bei höheren In_2Te_3-Konzentrationen eine Abweichung zwischen dem Interdiffusionskoeffizienten metallgesättigter und dem undotierter und chalkogengesättigter Proben auftritt, legt die Vermutung nahe, daß diese Abweichung auf das Auftreten der α-$Ga_{2x}In_{2-2x}Te_3$ I-Phase zurückzuführen ist.
Weiterhin muß angenommen werden, daß die Diffusion der Metalle über die "stöchiometrischen Leerstellen" des Metalluntergitters erfolgt, die in den bei den Diffusionstemperaturen noch geordneten Phasen als eine spezielle Klasse von Zwischengitterplätzen anzusehen sind. Diese Annahme liegt auf der Hand, da die Konzentration "stöchiometrischer Leerstellen" im In_2Te_3 und Ga_2Te_3 um Größenordnungen höher ist als die Konzentrationen anderer Punktdefekte und ihre erste Koordinationssphäre sich nicht wesentlich von der eines normalen Metallplatzes unterscheidet, im Gegensatz zu anderen Zwischengitterplätzen.
Unter diesen Voraussetzungen folgt zwanglos, daß die Interdiffusionskoeffizienten von undotierten und chalkogengesättigten Proben einander gleich sind, da die Konzentration der Defekte, über welche die Diffusion erfolgt, nahezu konstant ist.
Außerdem wird die Beobachtung erklärt, daß die in der α-In_2Te_3 I-Phase und in Mischkristallen mit der gleichen Struktur beobachteten Interdiffusionskoeffizienten geringer sind als im undotierten beziehungsweise chalkogengesättigten System. Wegen des höheren Indiumgehaltes der α-In_2Te_3 I-Phase stehen entsprechend weniger stöchiometrische Leerstellen für die Diffusion zur Verfügung, was bei gleicher Beweglichkeit zur Verringerung des Interdiffusionskoeffizienten führt.

7. Zusammenfassung

Zur Untersuchung der Interdiffusion der Metalle im System Ga_2Te_3-In_2Te_3 werden Ga_2Te_3 und In_2Te_3 durch Tempern unter einer Gasphase geeigneter Zusammensetzung auf den metallreichen beziehungsweise chalkogenreichen Rand ihres Existenzbereiches eingestellt. Dabei werden zwei neue Phasen gefunden:
1. Metallgesättigtes Ga_2Te_3 liegt nach längerem Tempern bei 45o °C in einer geordneten Form vor. Die Elementarzelle der geordneten Form ist kubisch mit einer Gitterkonstante von 1,o22 nm.
2. Bei dem Versuch, metallgesättigtes In_2Te_3 herzustellen, entstand eine neue Phase, α-In_2Te_3I mit der ungefähren Zusammensetzung $In_{28}Te_{4o}$. Röntgenpulveraufnahmen zeigen, daß diese Phase keine Überstruktur des ungeordneten β-In_2Te_3 darstellt, sondern ein anderes Gitter niedrigerer Symmetrie bildet. Oberhalb 63o °C zerfällt sie in β-In_2Te_3 und InTe.
Ein direkter Einfluß der Ordnungs-Unordnungs-Umwandlung im In_2Te_3 auf die Interdiffusion ist nicht meßbar, da die Umwandlungstemperatur für Interdiffusionsmessungen in diesem System zu hoch liegt. Ein Vergleich der Diffusionsmessungen im Temperaturbereich 5oo °C bis 6oo °C mit röntgenografischen Messungen der Phasenumwandlungsgeschwindigkeit bei 55o °C zeigt jedoch, daß die Geschwindigkeit der Phasenumwandlung und die Interdiffusion eng verknüpft sind. Im Mischkristallbereich mit einer Zusammensetzung von etwa 8o bis 9o Gewichtsprozent In_2Te_3 haben sowohl die Phasenumwandlungsgeschwindigkeit als auch der Interdiffusionskoeffizient ein Maximum. Beide Effekte lassen sich als ein Maximum der mittleren Beweglichkeit der Metallatome im Metalluntergitter bei dieser Zusammensetzung deuten.
Die Interdiffusionskoeffizienten undotierter und chalkogengesättigter Proben unterscheiden sich nicht signifikant voneinander, die der metallgesättigten Proben sind etwas geringer. Daraus wird geschlossen, daß die Interdiffusion der Metalle über solche Defekte erfolgt, deren Konzentration im chalkogengesättigten und im undotierten System konstant bleibt. Als solche Defekte kommen die im Gitter in sehr hoher Konzentration vorhandenen "stöchiometrischen Leerstellen", die als eine spezielle Gruppe von Zwischengitterplätzen aufzufassen sind, in Betracht.

8. Literatur

/1/ V. P. Zhuze, V. M. Sergeeva und A. I. Shelykh
Sov. Phys. Sol. State 2, 2545 (1961)

/2/ V. M. Koshkin u. a.
Radiat. Eff. 29, 1 (1976)

/3/ Yu. N. Dmitriev u. a.
Sov. Phys. Sol. State 17,2396 (1976)

/4/ U. Spalthoff
Diplomarbeit, Münster 1976

/5/ G. Kra, R. Eholie und J. Flahaut
Ann. Chim. Fr. 3,257 (1978)

/6/ E. G. Grochowski u.a.
J. Phys. Chem. Solids 25, 551 (1964)

/7/ J. R. Dale
Nature 197, 242 (1963)

/8/ F. Alapini und M. Guittard
C. R. Acad. Sci. Paris, 282 C, 543 (1976)

/9/ P. J. Holmes, I. C. Jennings und J. E. Parrot
J. Phys. Chem. Solids 23, 1 (1962)

/1o/ T. Karakostas und N. Economou
phys. stat. sol. (a) 31, 89 (1975)

/11/ H. Hahn und W. Klingler
Z. anorg. Chem. 259, 139 (1949)

/12/ J. C. Woolley und B. R. Pamplin
J. Electrochem. Soc. 1o8, 874 (1961)

/13/ H. Hahn
Angew. Chemie 64, 2o3 (1952)

/14/ P. C. Newman und J. A. Cundall
Nature 2oo, 876 (1963)

/15/ S. A. Semiletov und V. A. Vlasov
Sov. Phys. - Cryst. 8, 7o4 (1964)

/16/ J. C. Woolley, B. R. Pamplin und P. J. Holmes
J. Less Common Metals 1, 362 (1959)

/17/ H. Inuzuka und S. Sugaike
Proc. Japan. Acad. 3o, 383 (1954)

/18/ A. I. Zaslavskii und V. M. Sergeeva
Sov. Phys. Sol. State 2, 2556 (1961)

/19/ A. I. Zaslavskii, N. F. Kartenko und Z. A. Karachentseva
Sov. Phys. Sol. State 13, 2152 (1972)

/2o/ G. L. Bleris, T. Karakostas, J. Stoemenos und N. A. Economou, phys. stat. sol. (a) 34, 243 (1976)
/21/ L. S. Palatnik u. a. Soviet Physics - Doklady 1o, 1215 (1966)
/22/ J. C. Woolley und B. A. Smith Proc. Phys. Soc. London 72, 867 (1958)
/23/ V. S. Grigoreva Sov. Phys. Tech. Phys. 3,1539 (1958)
/24/ R. Hornischer, Dissertation München 1973
/25/ F. J. A. den Broeder Scripta Metallurgica 3, 321 (1969)
/26/ H. Schmidtke und V. Leute Z. physik. Chem. Neue Folge 1o3, 1o1 (1976)

GPSR Compliance
The European Union's (EU) General Product Safety Regulation (GPSR) is a set of rules that requires consumer products to be safe and our obligations to ensure this.

If you have any concerns about our products, you can contact us on

ProductSafety@springernature.com

In case Publisher is established outside the EU, the EU authorized representative is:

Springer Nature Customer Service Center GmbH
Europaplatz 3
69115 Heidelberg, Germany

www.ingramcontent.com/pod-product-compliance
Ingram Content Group UK Ltd.
Pitfield, Milton Keynes, MK11 3LW, UK
UKHW061659190726
13853UKWH00008B/2293

* 9 7 8 3 5 3 1 0 2 9 1 4 6 *